LE PHÉNOMÈNE DE LA VIE

Discours prononcé à la Séance publique annuelle

DE

L'ACADÉMIE

DES

SCIENCES, AGRICULTURE, ARTS ET BELLES-LETTRES

D'AIX

Par le Comte GASTON DE SAPORTA

PRÉSIDENT.

AIX

IMPRIMERIE DE MARIUS ILLY, RUE DU COLLÉGE, 20

1870

LE PHÉNOMÈNE DE LA VIE

SÉANCE DU 8 JUIN 1870

Messieurs,

Un naturaliste est toujours à plaindre, lorsqu'il porte la parole, au nom d'une société savante. Dès que sa mission est de plaire et d'intéresser, il se défie aisément de lui-même, car il comprend combien son rôle est plus difficile que celui du littérateur, du philosophe, de l'économiste, du jurisconsulte même, qui plus rapprochés de l'homme, dont ils analysent l'es-

prit ou considèrent les œuvres, éprouvent moins
de difficultés dans l'accomplissement de leur
tâche.

J'ai donc fureté longtemps dans mon bagage
de géologue, non que les grandes et curieuses
questions y fassent défaut ; mais, elles sont loin,
pour la plupart, d'avoir pénétré dans le domaine
public, et les explications préliminaires auraient
lassé votre attention, avant même que l'idée prin-
cipale pût être utilement abordée. J'aurais été
d'ailleurs trahi par mes forces, inégales à mener
à bien une pareille entreprise ; mon ambition
est heureusement plus modeste. J'essayerai de
vous soumettre quelques réflexions sur le phénomène le plus répandu et cependant le plus
incompréhensible ; c'est du phénomène de la vie
que je veux parler ; et, en disant la vie, je la
considère dans ce qu'elle a de plus général ; je
laisse de côté ce qui tient en elle à l'ordre psy-
chologique et moral. Bien qu'entre cet ordre, ou
mieux encore, entre l'âme et la vie, le lien soit
intime et la soudure pour ainsi dire absolue,
nous saisissons pourtant d'une façon assez nette
la distinction de ces deux principes. Une foule
d'opérations compliquées, ce que l'on nomme en
physiologie *les actes réflexes*, s'accomplissent à
notre insu et pour ainsi dire en dehors de nous,
si par ce dernier mot nous entendons le *moi*
volontaire et conscient. Une force active et irré-
sistible, hôte permanent de notre organisation,

en dirige tous les ressorts ; elle se meut incessamment, et quand elle s'arrête enfin, c'est la
mort.

On peut dire réellement de la vie qu'elle gou-
verne le monde ; partout présente, elle possède
le pouvoir de se perpétuer et de se transformer ;
véritable Protée, elle revêt toutes les apparences
et son histoire se confond avec celle de notre
globe lui-même ; mais cherchons avant tout à
la bien définir.

Les mots employés dans les langues les plus
anciennes pour signifier ce qui est vivant : *spi-
ritus*, en grec ψυχη, Πνεῦμα, en sanscrit *âtman*,
l'esprit et le souffle ou l'air agité, *anima*, en grec
ἄνεμος, en sanscrit *ana*, l'âme et le vent, ces
expressions et d'autres que l'on pourrait allé-
guer marquent bien que dans le phénomène de
la vie c'est l'acte de la respiration qui a frappé
davantage ; mais ce n'est pas seulement l'acte
matériel que l'on a visé, en parlant de cette façon ;
l'air agité est certainement parmi les objets exté-
rieurs celui qui s'adapte avec le plus de justesse
à l'idée de la vie. Assez subtil pour échapper à
la vue, il se manifeste pourtant comme une force
sensible ; il se meut, il possède une voix et agit
d'une façon passionnée. N'est-ce pas là l'image
saisissante du principe même de la vie et faut-il
s'étonner qu'on ait cru le reconnaître, tantôt
vague, s'agitant sans but déterminé au sein de
l'atmosphère, fixé dans d'autres cas, faisant mou-

voir les corps et les animant? On était ainsi amené à identifier l'air avec la vie, et c'est là sans doute la pensée qui a dirigé les premiers hommes.

Le souffle, c'est-à-dire le mouvement et la voix, exprime-t-il suffisamment ce qu'est la vie? non, mais plutôt un de ses côtés; le plus élevé et le plus saillant, il est vrai.

Si les animaux ont le mouvement et si beaucoup possèdent une voix, la plante semble privée de l'un et de l'autre; elle vit cependant; il faut donc que nous recherchions quelque chose de plus général pour définir en quoi consiste la vie.

Remarquons-le d'abord, il ne serait pas exact de dire que les végétaux ne se meuvent pas; ce qui leur manque, c'est plutôt la sensation, accompagnée de mouvements volontaires. Les végétaux se meuvent effectivement, quoique d'une façon très lente. Attirés par la lumière, ils dirigent leurs branches de son côté; provoqués par l'humidité, ils étendent leurs racines vers l'endroit où ils doivent la rencontrer; leur développement même est un mouvement d'extension; et il ne faut pas oublier non plus les manœuvres compliquées, qu'exécutent leurs organes; les feuilles qui se plient et les fleurs qui s'ouvrent ou se ferment à des heures déterminées. Ce sont là de véritables mouvements automatiques, il est vrai, mais qui n'en sont pas moins réels. Les oscillariées et les diatomées, placées sur la limite même du règne végétal, se meuvent constamment, tandis que les spores des algues inférieures et les anthérozoïdes des cryptogames les plus élevées ne possèdent la faculté de se mouvoir que durant une courte période et jusqu'à l'accomplissement de leurs fonctions. Munis de filaments vibratiles, ces organes ne se fixent que pour donner lieu à la plante proprement dite ; ils semblent tenir à l'animalité pendant la durée de cette première phase. De véritables animaux, comme les huîtres et les éponges, traversent de leur côté une phase analogue. Privés de la faculté de se mouvoir pendant la plus grande partie de leur existence, ils ne sont libres et motiles qu'à leur origine et seulement à l'état de larves.

Ainsi, les deux règnes se touchent par leurs séries inférieures ; ils se rejoignent par ce qu'ils ont de moins parfait et de plus vague en même temps. La locomotion est d'autant plus facile, d'autant plus étendue, elle s'opère dans un milieu d'autant plus subtil, que l'animal est plus élevé ; la plante, au contraire, n'est douée de mouvement que lorsqu'elle est inférieure et imparfaite ; plus elle est parfaite, plus elle s'attache à un milieu solide et y pénètre pour ne jamais s'en séparer. Ce sont là deux adaptations très diverses avec un point de départ presque commun.

Ce qui constitue la vie dans son sens le plus général, si ce n'est par le mouvement à proprement parler, c'est au moins quelque chose qui s'y rattache de fort près, je veux dire l'activité. Chaque être vivant représente un centre d'activité, une sorte de foyer, doué de la propriété de s'entretenir et de se propager.

L'élaboration des substances que la vie emprunte au dehors d'elle pour les faire servir à ses fins est ce qu'on nomme la nutrition, et elle constitue un acte absolument nécessaire, universel pour tout ce qui est vivant. La vie, sous quelque forme qu'elle se manifeste, est donc essentiellement active ; elle peut bien se reposer, c'est-à-dire ralentir ou suspendre cette activité, mais elle ne peut la perdre sans cesser d'être elle-même, c'est-à-dire sans mourir. Pour échapper à cette loi fatale la vie jouit de la faculté de se transmettre. Fixée momentanément dans un individu, dont la durée est toujours limitée, elle ne périt pas nécessairement avec lui ; elle se perpétue avec ses caractères distinctifs, ses traits spéciaux. Ce flambeau, passager en apparence, ne cesse jamais de briller, mais il passe de main en main, il éclaire successivement ceux qui le tiennent et qui disparaissent après l'avoir gardé chacun un peu de temps pour le remettre à d'autres, ainsi que l'on ferait d'un dépôt sacré. C'est là ce qu'un poëte ancien a exprimé dans ce vers à jamais célèbre :

Et quasi cursores vitaï lampada tradunt.

On le voit, s'il est impossible de savoir ce

qu'est la vie par elle-même, on peut au moins
déterminer les conditions essentielles de son existence. En considérant les êtres vivants comme
des centres actifs, destinés à élaborer et à s'assi-
miler la matière brute, après s'en être emparé
directement ou indirectement, on définit assez
bien ce qui distingue le règne organique de l'autre.
Chacun de ces centres, considéré à part, paraîtra
inégalement actif, inégalement parfait, limité
dans sa durée, revêtu d'une forme caractéristique
et capable de la communiquer à ses descendants.
Ce sont là les individus vivants, séparés l'un de
l'autre par l'ordre, le genre ou l'espèce et soumis
pourtant à une même loi générale. Chose digne
de remarque et qui le relève jusqu'à la spiritualité,
le règne organique exerce son action sur des matières qui lui sont étrangères; il se les assimile,
mais en les empruntant d'abord à l'autre règne ;
il les façonne et les retient, mais toujours pour
un temps limité, et grâce à un échange perpétuel.
La substance brute devenue cellule ou fibre perd
sa forme et en revêt une autre ; mais elle ne fait,
pour ainsi dire, que traverser le chantier de la
vie ; il faut à celle-ci des matériaux sans cesse
renouvelés ; ceux qu'elle garde s'usent rapide-
ment ; l'exercice de la vie est un luxe véritable ;
plus elle devient complexe, relevée et parfaite,
plus ce luxe augmente. L'animal ou la plante
inférieure élaborent peu et se nourrissent à peine ;
ils peuvent aussi demeurer longtemps sans chan-

gement ; mais l'être supérieur a des besoins continuels ; il languit et meurt, dès qu'il ne peut les satisfaire. Son action vitale, toujours en mouvement, ne saurait avoir de repos complet, et les matériaux qu'il réclame pour s'en servir un instant et les rejeter bientôt après, sont en rapport avec l'intensité et la variété des fonctions qu'il remplit.

Cette activité des fonctions vitales peut cependant passer à l'état latent, sans cesser d'être virtuelle, dans certains cas déterminés, particulièrement pour favoriser la propagation ou la métamorphose de l'être organisé. Dans la métamorphose, dont les animaux inférieurs fournissent tant d'exemples, le ralentissement des fonctions vitales rappelle ce qui se passe dans le sommeil. Les mouvements s'arrêtent ou perdent de leur intensité ; les sens s'engourdissent ; l'activité n'est pas éteinte, mais elle semble concentrée à l'intérieur où s'accomplissent des phénomènes d'un ordre particulier, dont rien ne saurait nous donner l'idée, car rien de ce qui se passe en nous n'y ressemble. Il est certain cependant que jamais la vie ne se manifeste avec plus de force intensive que lorsque, au sein d'une léthargie profonde, elle développe chez la chrysalide des organes dont l'œil le plus exercé n'aurait pu découvrir auparavant aucun vestige.

Il en est de l'œuf et de la graine comme de la chrysalide ; mais ici la suspension de la vie est

un état susceptible de se prolonger, parfois indé-
finiment, sans que l'impulsion vitale cesse de
devenir possible. Le nouvel être, à l'état de germe,
est pour ainsi dire emmaillotté et engourdi ; tout
ce qui devra favoriser son développement futur
se trouve placé près de lui. Abandonné ensuite
à lui-même, il devra à un concours de circonstances indépendantes et extérieures à lui de pouvoir se développer, sinon il disparaîtra sans
laisser de trace. La vie ne se manifeste donc chez
lui que par la possibilité qu'elle a de s'y montrer
à un moment donné. On raconte effectivement
que des graines remontant à plusieurs milliers
d'années et découvertes, soit dans des hypogées,
soit dans les profondeurs du sol, ont pu germer
et devenir des êtres vivants, comme celles qui
tombent de nos arbres chaque année.

Ainsi donc partout sur la terre la vie cherche
à se perpétuer en faisant succéder les êtres à
d'autres êtres. Cette succession paraît être le but
incessant que se propose la nature. Tous ses
efforts tendent à ce que l'arbre et la plante,
l'animal qui marche et celui qui vole, nage ou
rampe, celui même que sa petitesse dérobe à nos
instruments les plus subtils continuent d'exister
à l'aide de représentants toujours nouveaux.

Ce n'est pas sans lutte ni sans froissements
douloureux et sanglants que se maintient ce règne
de la vie. Celle-ci puise les matières nécessaires
à l'exercice de son activité, tantôt dans l'air,

tantôt dans l'eau ; mais le plus souvent en elle-
même. Comme Saturne la vie dévore ses pro-
pres enfants.

Le régime qu'elle a établi doit paraître dur,
triste, impitoyable, quand on songe aux victimes
qui l'alimentent sans trève. L'homme lui-même
ne fonde et n'accroît le bien-être, la force et la
grandeur de sa race que par l'immolation d'une
foule d'êtres vivants, qu'il sacrifie à ce but égoïste.
Mais l'homme, il faut le dire, ne fait en cela
qu'obéir à une loi générale. Fils d'une même
souche, tous les êtres vivants se poursuivent et
se déchirent entr'eux ; tous luttent pour une part
de l'existence qu'ils ont reçue et qu'ils veulent
garder. Mais la place est si parcimonieusement
ménagée à cet immense banquet de la vie que la
plupart meurent avant même d'y avoir pris part ;
ce sont les vaincus de cette lutte implacable et
mystérieuse qui embrasse la nature entière, et
dont le dernier mot demeure caché entre les
mains de celui qui a tout créé, mais qui n'a pas
voulu nous initier à tous les secrets de la création.

Si la raison d'être des principaux phénomènes
de la vie échappe à l'intelligence de l'homme ;
si nous ignorons d'où la vie est venue sur le
globe ou plutôt de quel moyen s'est servi le créa-
teur pour la faire germer ici-bas, nous saurons
peut-être un jour, nous pouvons entrevoir dès
maintenant dans quelles circonstances et par

suite de quel enchaînement de faits s'est accompli
ce grand évènement.

Je n'étonnerai personne en disant que le globe,
d'abord incandescent et lumineux comme le soleil,
s'est refroidi peu à peu, jusqu'au moment où les
eaux ont pu recouvrir entièrement sa surface
encore faiblement accidentée. C'est au sein de
cet Océan sans limite que la vie s'est manifestée
pour la première fois. On a constaté, à l'aide de
longues et patientes recherches, que les plus
anciennes couches déposées au fond de l'Océan
primitif ne contenaient encore aucun vestige de
plantes ou d'animaux ; mais sur certains points,
lorsqu'on s'élève des plus anciennes et des plus
inférieures vers celles qui se rattachent à une
antiquité un peu moins reculée, on en découvre
quelques faibles vestiges ; jusqu'à ce qu'enfin,
en remontant toujours d'échelon en échelon, à
travers des terrains dont l'épaisseur est énorme,
on rencontre ce que l'on a nommé le *terrain
silurien*. Ce terrain, récent si on le compare aux
précédents, est le plus ancien de ceux où la vie
se montre représentée par des êtres marins assez
nombreux, assez variés et coordonnés entr'eux,
pour que leur ensemble mérite le nom de *faune*.
C'est la *faune primordiale* étudiée surtout en
Bohême par le savant M. Barrande.

Ainsi, la vie, d'abord absente, à ce qu'il paraît,
au sein des premières eaux, s'y serait manifestée
peu à peu. La teinte noirâtre qui colore les

feuillets ardoisés des roches de cet âge n'est pas
la seule trace visible de ces premiers organismes,
sans doute faibles et mous, mais probablement
multipliés au-delà de toute mesure. Une décou-
verte célèbre est venue jeter un nouveau jour sur
l'existence de la vie à ces époques si reculées.
C'est dans des roches calcaires du Canada et
bientôt après dans l'Europe centrale au sein d'une
formation tellement ancienne qu'elle passait pour
antérieure à toute création, que l'on a observé
l'*Eozon*, ce premier né de tous les êtres connus.
Il appartenait à la classe des foraminifères,
c'est-à-dire qu'il était inférieur aux mollusques
eux-mêmes, à peine visible à l'œil nu, et recouvrait
son corps mou, couvert de cils, d'un test calcaire
partagé en chambres par des cloisons. Malgré
sa petitesse, l'*Eozon* était le géant de son ordre
et le plus grand des infusoires, à qui les foraminifères se rattachent. Ces êtres presque tous
microscopiques n'ont ni organes des sens ni centres nerveux, ni bouche proprement dite. Ils s'agi-
tent et se contractent incessamment; l'eau pénètre de toutes parts dans leur substance qui se
nourrit par imbibition ; et cependant l'enveloppe
testacée qui les recouvre manifeste une admira-
ble régularité de forme et une parfaite élégance.

L'époque où vivait l'*Eozon* était celle où, selon
l'expression de l'Écriture, l'esprit de Dieu flottait
sur les eaux ; la terre ne paraissait encore nulle
part et déjà dans les flots de l'Océan tourbillon-

naient des multitudes variées ; la fécondité de la
création s'éveillait au fond de l'abîme.

Il est impossible, Messieurs, de suivre pas à
pas cette histoire si longue à dérouler, et qui se
complète d'année en année par les recherches des
géologues. La terre ferme parut à son tour et se
peupla de plantes généralement d'une organisation inférieure, tandis que les animaux, restés
longtemps aquatiques ou du moins amphibies,
dépourvus, par conséquent, de sang chaud, ne
possédaient qu'une respiration aérienne imparfaite.

Dans ces premiers temps, les végétaux n'avaient
pas de fleurs et les animaux pas de voix cadencée
ni de chant. La légèreté du vol, la rapidité de
la course, les actions vives et passionnées n'exis-
taient pas non plus chez les animaux. Leur corps
était lourd, massif, leurs mouvements lents ; la
voracité des instincts s'exerçait au moyen d'organes d'attaque souvent formidables et la défense
ne consistait que dans la grosseur de certaines
espèces et dans la dureté des téguments protec-
teurs. La nature n'a revêtu que progressivement
les grâces infinies dont elle se pare et que d'ailleurs nulle intelligence n'aurait pu encore appré-
cier. Chez les êtres vivants les organes essentiels
se sont perfectionnés les premiers, le tour des
autres n'est venu qu'après. L'indispensable et
l'utile ont été donnés d'abord, ce qui est de luxe
s'est ajouté ensuite comme un surcroît. La créa-

tion a agi comme l'homme, qui dans l'enfance des sociétés se préoccupe longtemps et avant tout du nécessaire ; elle a pourvu les êtres d'organes pour se nourrir, respirer et se reproduire avant de les orner de mille façons, de les rendre élégants et harmonieux.

Certainement, la nature primitive différait essentiellement de la nôtre ; elle était surtout morne et silencieuse ; les premiers cris qui retentirent furent ceux de certains insectes dont l'existence constatée remonte très loin ; ils ajoutent maintenant une note au concert de l'harmonie universelle après en avoir longtemps formé la partie essentielle. Les êtres se sont graduellement habitués à vivre sur le sol, à s'y mouvoir, à respirer à l'air libre ; les plantes de leur côté ont multiplié leurs formes et varié leur aspect. Les premiers ont mieux vu, mieux écouté, mieux couru : les dernières ont étendu leurs branches, développé leurs feuilles, ramifié leur tronc. Enfin, les uns se sont revêtus de toisons ou de plumes ; ils ont connu le chant ; ils ont eu une voix pour s'appeler et se comprendre, tandis que les autres, après avoir découpé leurs feuilles de mille façons se couvraient de fleurs, c'est-à-dire réunissaient ce que la forme a de plus exquis, la couleur de plus brillant, à la délicatesse des tissus et à l'ennivrement des parfums.

La beauté achevée et l'harmonie suprême ne se sont montrées qu'assez tard dans la nature.

Elles n'ont précédé que d'assez peu la venue de l'homme, à qui seul il était destiné de comprendre ce spectacle. Le cortège qui devait l'accompagner à son entrée dans le monde l'attendait lorsqu'il y parut. Les animaux qui dominaient sur la terre avant sa venue, ceux même au milieu desquels il est venu se placer étaient sans doute les plus intelligents de tous ceux qui s'étaient montrés jusque là. Les chevaux, les éléphants, les grands carnassiers, les paisibles ruminants occupaient les plaines et les vallées, les sombres forêts ou les cavernes profondes, lorsque l'homme enfant, obscur, chétif et isolé commença à faire valoir ses droits à la domination universelle. Qui n'eût souri à l'annonce de ses destinées futures? qui eut ajouté foi au dénouement d'une lutte en apparence si inégale? les animaux de cette époque n'étaient-ils pas plus forts, plus nombreux et plus intelligents que ceux des âges antérieurs? n'étaient-ils pas les maîtres incontestés de ces libres solitudes où les gazons épais, les tendres feuilles, les bourgeons pleins de sève, les fruits épars sur le sol ou suspendus aux hautes branches s'offraient à eux de toutes parts, où leurs troupeaux se multipliaient sans autre limite que ces lois de la concurrence auxquelles est soumise la nature animée toute entière?

Cependant auprès d'eux se glissait déjà leur adversaire, bientôt leur vainqueur. Faible et nu, inculte et pauvre, à côté de tant d'êtres si riche-

2

ment doués, si fiers et si intrépides, on aurait
senti pourtant s'agiter en lui je ne sais quelle
flamme mystérieuse. N'avait-il pas reçu à sa nais-
sance les promesses de l'avenir? l'homme pos-
sédait en effet le plus beau de tous les trésors :
une intelligence susceptible de développement et
de progrès.

Quel chemin l'homme a dû parcourir depuis
le jour où il a su armer sa main d'un caillou et
se procurer le feu c'est-à-dire s'éclairer, se chauf-
fer et cuire ses aliments, jusqu'au temps où il
a peuplé le monde de ses œuvres, jusqu'au moment où il a aimé, chanté, prié et rencontré
l'idéal, cette fleur exquise de la pensée.

Cependant, en faisant tout cela, il est juste
de l'observer, l'homme n'a pas suivi une autre
marche que le reste de la nature vivante. Comme
celle-ci il a obéi à la loi du progrès ; il lui est
demeuré fidèle, au risque de subir une déchéance
immédiate. Du simple au composé, d'un échelon
inférieur à un échelon plus élevé, la vie ne s'est
jamais arrêtée, dans l'évolution lente, mais con-
tinue, par laquelle elle a constamment entraîné
tous les êtres. Obscure à son début, en pos-
session d'organes rudimentaires, dépendant du
milieu liquide au sein duquel elle s'est d'abord
manifestée, la vie n'a cessé de croître en énergie,
en complexité, en liberté. De plus en plus con-
crète et condensée elle a accentué la force, la
beauté, la variété des êtres qui la représentaient ;

elle a développé l'instinct, puis l'intelligence ;
enfin le temps est venu où elle a remis à l'homme
la mission d'aller encore au-delà. Il n'a été
posé aucune limite à son ambition de savoir, à
l'étendue de son esprit, à l'activité de son âme,
à l'immensité de ses vues ; une seule condition
a été mise à ce rôle suprême, celle de regarder
en haut et en avant, de s'élever et d'avancer
toujours : *sursum corda*. En avant donc et en
haut, si nous voulons ne pas devenir infidèles
aux destinées sublimes de la vie.

www.ingramcontent.com/pod-product-compliance
Lightning Source LLC
Chambersburg PA
CBHW050452210326
41520CB00019B/6176